CATALOGUE
DES ARBRES
A FRUITS

Les plus excellens, les plus rares & les plus eſtimés qui ſe cultivent dans les Pépinieres des Révérends Peres CHARTREUX de Paris.

Avec la deſcription tant des Arbres que des Fruits, & le temps le plus ordinaire de leur maturité.

Il y a auſſi différens autres Arbuſtes & Plantes étrangeres.

A PARIS,

De l'Imprimerie de la Veuve THIBOUST, Imprimeur du ROI, Place de Cambrai.

M. DCC. LXXV.
AVEC PERMISSION.

CATALOGUE
DES ARBRES
A FRUITS

Les plus excellens , les plus rares & les plus eſtimés , qui ſe cultivent dans les Pépinieres des Révérends Peres CHARTREUX de Paris.

PÊCHER. *PERSICA.*

LA fleur du Pêcher eſt formée de cinq petales diſpoſés en roſes , & inſérés par leurs onglets ſur un calice d'une ſeule piece en godet , découpé à moitié en cinq ſegmens. On apperçoit au centre de la fleur l'embrion du fruit ſurmonté d'un piſtil & entouré d'une trentaine d'étamines.

Le calice tombe avant la maturité du fruit.

La Pêche est un fruit charnu, succulent, divisé suivant sa longueur par une goutiere, & renfermant un noyau gravé de sillons profonds, peu réguliers. Ce noyau contient une amande composée de deux lobes.

Aux environs de Paris, on ne cultive les Pêchers qu'en espaliers, pour les garantir, autant qu'il est possible, des gelées du Printemps.

Les terres douces, mais un peu séches, leur conviennent singulierement.

Il faut avoir beaucoup d'attention à tailler les Pêchers dans les temps convenables, sans quoi ils pousseroient quantité de gourmands, qui épuiseroient toute la séve, & feroient périr les branches à fruit.

Il faut remarquer que les Pêches ne viennent pas si grosses ni si bonnes sur les jeunes Pêchers, que sur de vieux arbres vigoureux.

Les Pêches sont de tous les fruits les plus exquis : *ambrosios præbent succos.* Virg.

La plupart des Pêches ont la peau velue, quelques-unes l'ont très-lisse,

& on appelle celles - ci Pêches violettes.

La plupart des Pêches quittent
d'elles-mêmes le noyau; c'est-à-dire,
qu'en ouvrant ces Pêches à maturité,
leur noyau se détache de lui-même
de leur pulpe charnue; quelques-unes
ont le noyau constamment adhérent
à la chair, quoique parfaitement mû-
res. On donne le nom de Pavies aux
Pêches velues qui ne quittent point
le- noyau, & on donne le nom de
Brugnons aux Pêches lisses qui ne
quittent point le noyau.

On a rangé dans ce Catalogue les
différentes sortes de Pêches, à peu
près suivant l'ordre des saisons où
elles mûrissent le plus communément.

PÊCHES.

Au commencement de Juillet.

L'Avant-Pêche blanche est petite,
longuette, ne prend point de rouge;
elle est un peu musquée, & l'eau en
est très-sucrée; elle est estimée à cause
de sa primeur; elle se mange au commencement de Juillet. Ce Pêcher
fleurit à grandes fleurs; ses feuilles
sont dentées.

A la fin de Juillet.

L'Avant-Pêche de Troyes, ou Avant-Pêche rouge, est plus grosse que l'Avant-Pêche blanche; elle est un peu ronde; elle est rouge comme le vermillon; son goût est relevé & musqué; elle mûrit à la fin de Juillet, & fleurit à grandes fleurs.

La Double de Troyes, ou Petite-Mignone, est de moyenne grosseur, assez ronde; elle prend beaucoup de rouge; elle a le goût relevé, pareil à celui de l'Avant-Pêche de Troyes; sa maturité est à la fin de Juillet & au commencement d'Août; elle fleurit à petites fleurs.

Au commencement d'Août.

L'Alberge jaune ou la Roussanne, a la chair jaune; elle est d'une médiocre grosseur, un peu plus longue que ronde, d'un goût excellent, quand on la laisse mûrir parfaitement; elle prend assez de couleur; elle se mange au commencement d'Août; elle fleurit à petites fleurs.

La Madeleine blanche est ronde, d'une bonne grosseur; elle ne prend presque point de rouge; son noyau

eſt petit; ſon eau eſt ſucrée & vi-
neuſe; elle fleurit à grandes fleurs;
elle a ſes feuilles dentées; ſon bois
a toujours la moële noirâtre.

La Pourprée hâtive eſt groſſe,
ronde, d'un beau rouge; ſon goût
eſt très-fin & délicieux; c'eſt une
excellente Pêche; elle fleurit à grandes fleurs.

A la mi-Août.

La Groſſe - Mignone eſt un peu
plus longue que ronde; elle a ordinairement un côté plus elevé que
l'autre; elle eſt d'une belle couleur,
ſon eau eſt très-ſucrée; c'eſt une des
meilleures Pêches; elle a le noyau
aſſez petit, ſe mange à la mi-Août,
& fleurit à grandes fleurs.

La Chevreuſe hâtive, ou Belle-
Chevreuſe, eſt d'une bonne groſſeur,
plus longue que ronde; elle prend un
rouge vif; elle a l'eau douce & ſucrée; l'arbre fleurit à petites fleurs
& charge beaucoup.

A la fin d'Août.

La véritable Madeleine rouge, ou
Madeleine de Courſon, eſt groſſe,
aſſez ronde, d'un beau rouge; ſon

eau eſt ſucréee & relevée ; c'eſt une excellente Pêche ; ſa maturité eſt à la fin d'Août ; elle·fleurit à grandes fleurs ; ſes feuilles ſont dentées profondément.

Le Pavie-Blanc, ou Pavie-Madeleine, eſt ainſi nommé à raiſon de ſa reſſemblance à la Madeleine blanche, par ſon fruit, ſes fleurs & ſes feuilles. Il ne quitte point le noyau ; il a cela de commun avec tous les Pavies & les Brugnons.

La Pêche de Malthe reſſemble beaucoup aux Madeleines, par ſon fruit, ſes fleurs & ſes feuilles ; elle prend aſſez de rouge ; elle eſt très-eſtimée en Normandie.

La Chanceliere reſſemble beaucoup à la belle Chevreuſe pour ſa groſſeur, ſa couleur & ſon goût ; elle eſt un peu plus ronde, ſa peau eſt très-fine ; elle ſe mange à la fin d'Août & au commencement de Septembre ; elle fleurit à petites fleurs.

La Pêche ceriſe eſt petite, ronde, d'une couleur blanche, claire, & d'un rouge vif du côté du Soleil ; ſa peau eſt liſſe, ſans poils ; ſa chair eſt un peu ſéche ; elle fleurit à petites fleurs.

La Belle-Garde, ou Galande, est une Pêche fort grosse, assez ronde, d'un rouge très-foncé, tirant sur le pourpre ; sa chair est très-fine & sucrée ; c'est une des plus excellentes Pêches ; elle fleurit à petites fleurs. Elle n'est pas encore fort commune.

La Cardinale-Furstemberg est très-grosse, brune en dehors, rouge en dedans, remplie de jus, petit noyau, petites fleurs.

La Transparente ronde est rouge d'un côté, a la chair ferme, très-délicate ; elle fleurit à grandes fleurs.

La Vineuse de Fromentin est très-grosse, d'un rouge brun, plus longue que ronde ; elle fleurit à grandes fleurs, ses fleurs ne sont point sujettes au mauvais vent.

Au commencement de Septembre.

La Petite-Violette hâtive est lisse, de moyenne grosseur, assez ronde ; sa couleur est d'un beau violet du côté du Soleil ; sa chair est très-fondante & très-vineuse ; elle fleurit à petites fleurs ; elle mûrit au commencement de Septembre.

La Grosse-Violette hâtive est tout-à fait semblable à la moyenne par ses fleurs & fa couleur ; elle eft une fois plus groffe ; c'eft une bonne Pêche ; elle eft auffi fondante, mais pas fi vineufe.

La Bourdine eft d'une bonne grof-feur, affez ronde, d'un beau rouge ; elle eft vineufe, & eftimée pour une excellente Pêche ; l'arbre en plein vent charge beaucoup, & fleurit à petites fleurs.

L'Admirable, ou la Belle de Vitry, eft groffe & ronde, prend affez de rouge ; fa chair eft délicate, l'eau en eft fucrée ; elle eft très-eftimée ; elle fleurit à petites fleurs.

En Septembre.

Le Brugnon violet, mufqué, eft liffe ; il reffemble par fa figure à la Groffe-Violette hâtive, mais il eft un peu plus rond ; il ne quitte pas le noyau ; il devient excellent, quand on le laiffe mûrir jufqu'à ce qu'il fe dé-tache de l'arbre : il fe mange en Sep-tembre ; il fleurit à grandes fleurs.

L'incomparable en beauté eft très-groffe, ferme, fon eau vineufe ; elle eft élevée de noyau, & fleurit à gran-des fleurs.

La Belle-Bauce, excellente Pêche,

eſt d'un beau rouge écarlate ; fleurit
à grandes fleurs.

La Belle-Tillemont eſt une excellente Pêche ; elle fleurit à petites
fleurs.

A la fin de Septembre.

La Pêche Teint-doux eſt groſſe,
aſſez ronde, prend un ronge tendre ;
ſon eau eſt délicate ; elle ſe mange à
la fin de Septembre ; elle fleurit à petites fleurs, & n'eſt pas fort connue.

Le Teton-de-Vénus, (ainſi nommée, parce qu'elle eſt terminée par
une tette plus longue & plus groſſe
qu'aucune autre Pêche,) reſſemble
beaucoup à l'Admirable ; elle n'eſt
pas ſi groſſe ni ſi ronde ; ſa chair eſt
excellente ; elle fleurit à petites fleurs.

La Chevreuſe tardive, qu'on appelle auſſi Pourprée, eſt groſſe, &
plus longue que ronde ; elle prend un
très-beau rouge, ce qui la fait nom-
mer Pourprée ; ſon eau & ſa chair
ſont excellentes ; elle fleurit à petites
fleurs.

La Nivette véritable eſt d'une belle
groſſeur, un peu plus longue que
ronde, prend du rouge ; elle a le
noyau petit ; ſon goût eſt relevé, ſon

eau eſt ſucrée ; c'eſt une des meilleu-res Pêches ; elle fleurit à petites fleurs.

La Royale eſt groſſe, ronde, prend beaucoup de rouge ; elle reſſemble beaucoup à l'Admirable, mais elle eſt plus tardive ; ſon goût eſt relevé, & ſon eau ſucrée ; elle fleurit à pe-tites fleurs.

La Monfrin eſt une Pêche liſſe, jaune en dedans, chair ferme, ayant peu d'eau, très-ſucrée ; elle fleurit à grandes fleurs.

La pourprée tardive eſt groſſe, ronde, prend un beau rouge, le noyau eſt aſſez petit, le rouge eſt relevé, l'eau douce, la fleur eſt petite, le bois gros, la feuille très-grande, mal unie.

La Perſique eſt très-groſſe, plus longue que ronde, d'un beau rouge ; elle a de petites boſſes & un morceau de chair à la queue ; elle eſt d'un goût délicat ; elle vient moins groſſe ſur les jeunes arbres. La plupart des Jardiniers la confondent avec la Ni-vette. Ce Pêcher charge beaucoup, fait un bel arbre très-vigoureux, & fleurit à petites fleurs.

Le Pavie rouge de Pomponne, ou Monſtrueux, eſt rond, d'un rouge incarnat ; il ne quitte pas le noyau qu'il a affez petit pour la groffeur de fon fruit, qui eft ordinairement de quatorze pouces de circonférence ; fon goût eft mufqué, fon eau fucrée ; il fleurit à grandes fleurs.

Le Pavie Sainte-Catherine eft d'un beau velouté, & d'un beau rouge & gros : il nous a été envoyé d'Angleterre' fous le nom de Belle-Catherine.

Au commencement d'Octobre.

La Violette tardive, ou Marbrée, eft de moyenne groffeur, un peu plus longue que ronde, elle eft bonne dans les Automnes chaudes & féches, & fe mange au commencement d'Octobre ; elle fleurit à petite fleurs.

A la mi-Octobre.

L'Abricotée, ou Admirable jaune ; a la figure de l'Admirable ordinaire, pour fa groffeur & fon rouge ; fa chair eft comme celle de l'Abricot ; fon goût eft eftimé ; c'eft une bonne Pêche pour fa faifon ; elle fe mange à la mi-Octobre, & fleurit à grandes fleurs.

La Pêche de Pau eſt aſſez ronde, aſſez groſſe, prend du rouge ; ſon noyau eſt ſujet à ſe fendre ; elle ſe mange en Octobre, & eſt aſſez bonne pour ſa ſaiſon ; elle fleurit à petites fleurs.

La Sanguinole, ou Beterave, ou Cardinale, a la chàir toute rouge ; elle eſt excellente en compote ſeulement.

Le Pavie de Nevington.

La Madeleine tardive ; à petites fleurs.

AMANDIER. *AMYGDALUS.*

La deſcription que nous avons donnée des fleurs du Pêcher eſt applicable en tous ſes points aux fleurs de l'Amandier. Les Botaniſtes ne peuvent, non plus que les Jardiniers, diſtinguer les fleurs de ces divers arbres que par la couleur ou la grandeur, qui ſont des attributs ſujets à beaucoup de variations.

Le fruit de l'Amandier n'eſt pas charnu & ſucculent comme la Pêche, il n'eſt que coriace ; ſon noyau n'eſt, pour ainſi dire, que pointillé, ou troué, ou rongé, & non pas ſillonné fi profondément que celui de la Pêche.

L'affinité entre ces deux efpeces d'arbres eft fi grande, qu'il y a une race particuliere, qu'on appelle *Pêche-Amande*, qui femble indécife entre les deux, tant fon fruit a peu de chair. Cette race provient vraifemblablement de la fécondation d'un Amandier par un Pêcher voifin.

L'Amandier demande un terrein chaud & léger. Aux environs de Paris, les Amandes parviennent rarement à une parfaite maturité; mais elles font excellentes à manger vertes.

AMANDES.

La groffe Amande.
La petite Amande.
L'Amande amere.
L'Amande à coque tendre. Celle-ci eft la plus recherchée.

ABRICOTIER. *ARMENIACA.*

La fleur de l'Abricotier eft formée de cinq petales, difpofées en rofe, & inférées par leurs onglets fur un calice d'une feule piece en tuyau court, découpé à moitié en cinq fegmens.

On apperçoit au centre de la fleur l'embrion du fruit, furmonté d'un piftil, & entouré au moins d'une vingtaine d'étamines. Le calice tombe avant la maturité du fruit.

L'Abricot eft un fruit charnu, fucculent, divifé fuivant fa longueur par une goutiere, & renfermant un noyau, qui contient une amande compofée de deux lobes.

L'Abricot a ordinairement la peau couverte d'un peu de duvet; fa queue eft affez groffe & très-courte.

Aux environs de Paris, on éleve les Abricotiers en efpalier dans les jardins grands & fort découverts; mais on les éleve en buiffon, ou en plein vent, dans les jardins petits & bien abrités, & le fruit en eft meilleur.

L'Abricot eft bon à manger crud, & encore meilleur en compote ou en confiture; le fucre dans lequel il fe confit en releve beaucoup le parfum.

ABRICOTS.

L'Abricot hâtif, mufqué, autrement l'Abricot précoce, eft petit, rond, prend beaucoup de rouge, eft eftimé pour fa primeur; il a les
feuilles

feuilles larges, dentées & d'un beau verd.

L'Abricot blanc reffemble en tout au précoce, ne prend pas de rouge, fa chair eft délicate & blanche & a le goût de Pêche.

Le Gros-Abricot ordinaire eft affez connu fans le décrire ; c'eft le meilleur de tous ; fa beauté & fa groffeur dépendent du bon fonds, & du fujet fur lequel on le greffe.

L'Abricot d'Angoumois eft d'une moyenne groffeur, plus long que rond ; il eft plus coloré que les Abricots ordinaires ; fa chair eft plus rouge, fondante & vineufe ; il a l'amande douce comme une aveline ; fon bois & fes feuilles font particulieres ; il n'eft pas commun.

L'Abricot de Portugal.

L'Abricot de Nancy, ou Abricot-Pêche.

L'Abricot d'Hollande, ou Amande-Aveline.

L'Abricot d'Alexandrie.

L'Abricot de Provence ; il a une amande douce.

L'Abricot panaché eft une efpece de gros Abricot, dont la feuille eft panachée, & le bois également.

B

..Il y a plufieurs autres fortes d'A-
bricots , qui font prefqu'autant de
varietés qu'on feme de noyaux.

PRUNIER. *PRUNUS.*

La defcription des fleurs de l'Abricotier convient tout-à-fait aux fleurs
du Prunier.

La Prune a la fuperficie plus liffe
que l'Abricot. Elle a auffi la queue
plus menue & plus longue à propor-
tion. Au refte, il n'y a pas entre ces
deux efpeces de différences bien effentielles; & même à l'égard du goût,
la Prune ne differe gueres plus de
l'Abricot, que deux diverfes Prunes
ne different entr'elles.

Le Prunier s'accommode affez de
toutes fortes de terreins.

PRUNES.

La Jeune Hâtive, ou Prune de
Catalogne, eft petite, longuette; l'eau
eft douce; elle eft eftimée à caufe de
fa primeur; elle mûrit au commencement de Juillet; on la met en
efpalier au midi.

Le Gros Damas de Tours eft de
moyenne groffeur, affez rond, d'un

beau violet; fa chair jaune, quitte le noyau; il eft eftimé par fa bonté : il eft hâtif.

Le Perdigon, hâtif.

La Prune de Monfieur eft groffe, ronde, violette, quitte le noyau; elle eft affez bonne dans les terres légeres & chaudes.

La Royale de Tours eft une groffe Prune, de bon goût & des meilleures, qui reffemble beaucoup à celle de Monfieur pour fa groffeur; elle eft d'un rouge clair & a la queue longue.

La Mirabelle eft petite, ronde, de couleur d'ambre lorfqu'elle eft mûre; elle quitte le noyau; elle eft bien fucrée; c'eft une excellente Prune en confiture.

Le Damas violet eft longuet, très-fucré, quitte bien le noyau; c'eft une bonne Prune.

La Diaprée violette eft longuette, très-fleurie; quitte le noyau; elle paffe pour une bonne Prune.

Les Damas rouges & blancs font ronds, quittent le noyau, font très-fucrés & eftimés.

Le Damas de Maugeron eft violet, gros, rond, quitte le noyau; il eft très-bon & eftimé.

Le Damas d'Efpagne eft violet, plus long que rond; il eft fort fleuri, gros & s'ouvrant net; il n'eft pas fi relevé que les autres Damas; mais il eft admirable pour fa beauté & fa facilité à rapporter.

Le Damas d'Italie eft une Prune ronde, d'un violet brun; elle eft très-fleurie; elle a l'eau fucrée, quitte le noyau; c'eft une des bonnes Prunes.

L'Impériale violette eft groffe, longue, très - fleurie, de la figure d'un œuf de Poule; fon eau eft très-relevée & fucrée; elle eft eftimée.

La Jacinthe eft toute femblable à l'Impériale violette, un peu moins longue & auffi groffe, de même goût & couleur.

Le Damas mufqué eft petit & plat, bien fleuri; il eft mufqué, & quitte le noyau.

Le Perdrigon violet eft une Prune plus longue que ronde, d'un beau violet; elle eft d'un goût fort relevé; elle eft auffi eftimée crue que confite; elle ne quitte pas le noyau.

Le Perdrigon blanc eft de même figure & groffeur que le violet; il quitte le noyau; il eft auffi excellent cru que confit.

La Royale est grosse, ronde, d'un rouge clair ; elle est bien fleurie ; elle a un goût fort relevé, semblable au Perdrigon.

Le Drap-d'Or est une espece de Damas, petit, rond ; sa peau est jaune, marquetée de rouge ; il est d'un goût très-fin & sucré ; c'est une bonne Prune.

La Grosse Reine-Claude, ou Dauphine, ou Damas verd, appellée à Tours l'Abricot verd, à Rouen la Verte-Bonne, est grosse, assez ronde ; elle est verte & prend un peu de rouge au soleil ; son eau est très-sucrée & abondante, & c'est une des plus excellentes Prunes ; elle ne quitte point le noyau ; son bois est gros & lisse, de couleur brune, & a de gros yeux ; ses feuilles sont larges, d'un verd foncé.

La Petite Reine-Claude est blanche, ronde, plus petite que la Dauphine, quitte le noyau ; elle est un peu féche, son eau est très-sucrée, sa chair est ferme, son bois est plus menu, verdâtre & couvert d'un petit duvet, ses feuilles d'un verd luisant. Le fruit, le bois & les feuilles de ces deux Prunes sont très-différens, néanmoins on confond souvent l'une avec l'autre.

La Prune damasquinée est une espece de gros Damas blanc marqueté & fouetté de rouge qui est plus long que rond , fort charnu ; c'est une bonne Prune assez tardive.

L'Abricotée est une Prune blanche d'un côté , & un peu rouge de l'autre ; elle est plus longue que ronde , d'une bonne grosseur ; elle quitte le noyau ; elle est très-estimée.

L'Abricotée rouge est assez semblable à l'Impériale , mais plus en cœur ; elle a le goût d'Abricots , & qui s'ouvre très-bien , & c'est une bonne Prune.

Il y a une Prune qu'on nomme la Prune d'Abricots , qui a la chair comme l'Abricot ; elle est plus séche que l'Abricotée.

La Sainte - Catherine est blanche , plus longue que ronde , prend la couleur d'ambre ; son eau est très-sucrée ; elle est excellente crue & en confiture.

La Prune-Cerise, ou Myrobalan.

La Grosse - Luisante , ou Dame-Aubert , est une Prune de la figure d'un œuf d'Oye , & aussi grosse ; elle

ne quitte pas le noyau, & n'eſt pas
bien bonne.

La Prune Saint-Martin eſt ſemblable au gros Damas de Tours, d'un
beau violet; elle n'eſt pas bien bonne.

L'Iſleverte eſt une Prune d'une
bonne groſſeur; elle eſt très-longue,
aſſez mal-faite, mais bonne pour les
confitures.

La Roche-Corbon eſt une Prune
fort groſſe, d'un rouge vif & clair;
elle ne quitte pas le noyau; elle eſt
excellente au four.

L'Impératrice blanche eſt une Prune
de la même groſſeur que la Violette;
elle eſt plus ronde; elle eſt excellente
au four.

La Prune-Suiſſe eſt groſſe & ſemblable à celle de Monſieur; elle ne
quitte pas le noyau; elle ſe mange
juſqu'à la fin de Septembre.

Le Perdrigon rouge eſt une Prune
qui reſſemble aux autres Perdrigons,
mais plus groſſe, d'un très-beau rouge; elle s'ouvre net, charge bien;
elle eſt excellente & tardive.

Le Damas de Septembre, Prune
de Vacance ou de Retenue, eſt
violette, un peu longuette, quitte
le noyau; elle mûrit après les autres;

c'eſt ſon principal mérite ; elle charge beaucoup.

La Bricette eſt une Prune blanche qui eſt un peu plus groſſe & plus longue que la Mirabelle ; elle ſe mange encore à la Touſſaint, & eſt bonne pour la ſaiſon.

L'Impératrice, que l'on nomme en Flandre, Prune de Princeſſe, & d'Alteſſe, eſt petite, longuette, d'un beau violet ; a la chair jaune, très-tardive ; on en mange encore en Novembre ; elle eſt fort bonne pour une Prune de cette ſaiſon ; elle n'eſt pas fort connue.

La Bonne, deux fois l'an.

CERISIER. *CERASUS.*

La deſcription des fleurs de l'Abricotier ne convient pas moins au Ceriſier qu'au Prunier.

La Ceriſe eſt généralement plus petite que la Prune & l'Abricot, & a la queue plus grêle & proportionnellement plus longue ; le noyau ſur-tout eſt plus ovale, plus liſſe & plus mince.

Les Ceriſiers dans un terrein trop gras ſont ſujets à des épanchemens de ſucs gommeux ſi abondans, qu'ils les rendent ſouvent très-malades, &

peuvent

peuvent même les faire périr tout-
à-fait.

CERISES.

La Cerife Précoce eft petite, très-
rouge, la chair a un peu d'acide ;
elle eft néanmoins fort eftimée par
fa primeur ; elle mûrit au commencement de Juin : il faut la mettre en
efpalier au midi.

La Cerife à courte-queue, ou de
Montmorency, eft groffe, ronde,
d'un goût excellent ; le bois eft menu ;
les feuilles petites : il charge par
bouquets.

La Groffe - Cerife eft ronde, très-
rouge, l'eau douce ; c'eft une bonne
Cerife ; le bois eft gros & les feuilles
larges ; l'arbre charge médiocrement.

La Griotte eft une efpece de Cerife,
groffe, noire, fort douce ; le bois
gros, la feuille large & d'un verd
foncé.

La Cerife Royale ancienne eft groffe,
affez ronde, d'un rouge noir ; l'eau eft
douce, fans acide ; c'eft une excellente
Cerife ; elle n'eft pas commune ; les
Anglois la nomment *Cherry-Duke* ;
fon bois eft affez pros, fa feuille
large & fort dentée.

C

La Cerife Royale, ou la Nouvelle d'Angleterre, eft une groffe Cerife, plus groffe que la Griotte, qui a la queue très-longue & la feuille très-large; l'efpece en eft excellente.

La Groffe-Cerife de M. le Comte de Sainte-Maure, appellée la Griotte de Chaux, eft très-groffe & fuperieure aux autres Cerifes pour fa groffeur & fa bonté.

La Cerife Blanche eft plus longue que ronde, de couleur ambrée, fon eau eft douce & fucrée; fes feuilles reffemblent à celles du Guignier.

Le Bigareau eft plus long que rond, blanc d'un côté & rouge de l'autre; il a la chair ferme & fucrée; le gros eft le meilleur.

Le Cœuret, ou Cœur-de-Pigeon, efpece de Bigareau, plus tendre, fait en cœur, dont le goût eft relevé; fon bois eft plus gros, & fa feuille plus large.

La Cerife Morel.

La Groffe-Guigne.

La Cerife tardive, ou de la Touffaint, qui fleurit toujours en pouffant, de forte qu'il y a des fleurs, du fruit noué, du fruit verd & du mûr; il y en a jufqu'aux gelées.

POIRIER. *PYRUS*.

La fleur du Poirier eft formée de cinq petales difpofes en rofe & inférés par leurs onglets fur un calice d'une feule piece en godet découpé en cinq fegmens. L'embrion eft fitué à la bafe du calice, fous la fleur, & furmonté de cinq ftiles, entourés d'une vingtaine d'étamines. Le calice fubfifte jufqu'à la maturité du fruit.

La Poire eft un fruit charnu, fucculent, terminé par une ombilic en forme de couronne, provenant des fegmens du calice. Le eentre de la Poire eft partagé en cinq loges, dont les parois font cartilagineufes, & qui renferment chacune deux pepins applatis. La Poire a ordinairement une forme approchante d'une toupie, ou d'un cône.

POIRES D'ETÉ.

Le Petit-Mufcat, ou Sept-en-Gueule, eft petit, rond; il a l'odeur de mufc, & le goût très-relevé; il eft fort eftimé à caufe de fa primeur; il eft demi-beuré; fa maturité eft au commencement de Juillet; il vient par bouquets.

L'Aurate est presqu'auffi hâtive que le Petit-Mufcat; elle eft fix ou fept fois plus groffes; elle prend du rouge du côté du Soleil; c'eft une très-bonne Poire.

L'Amiré Joannet, ou la Poire Saint-Jean, eft une Poire plus longue que ronde; elle prend peu de rouge; elle a l'eau fort douce & fucrée; elle eft très-bonne pour une des premieres Poires.

La Poire de Madeleine, ou Citron des Carmes, eft de moyenne groffeur, un peu plus longue que ronde, de couleur jaunâtre; fon eau eft douce, & fort bonne, mais elle eft fujette à cotonner, demi-fondante; elle mûrit enfuite de l'Aurate.

La Poire à deux têtes eft ronde, verdâtre & caffante, a beaucoup d'eau & de douceur, fe garde, & mûrit hors de l'arbre; elle devient groffe & belle en buiffon.

Le Mufcat-Robert, autrement Poire à la Reine, ou Poire d'Ambre, eft presqu'auffi groffe que l'Aurate, plus ronde, fa peau liffe & jaune, fa chair tendre, c'eft-à-dire, ni beurée, ni caſſante, d'un goût ſucré très-relevé ; ſon bois eſt jaune & ſa feuille large : mi-Juillet.

La Cuiſſe-Madame eſt longue & menue vers la queue ; ſa peau eſt jaune & rouge, l'eau très-ſucrée ; elle eſt demi-beurée.

La Belliſſime, ou Suprême, eſt de bonne groſſeur, a la figure d'une groſſe Figue ; ſa couleur eſt jaune, fouettée de rouge ; ſa chair eſt demi-beurée, de bon goût, l'eau douce : il faut la cueillir un peu verte, étant ſujette à cotonner.

Le Bourdon muſqué eſt un gros Muſcat hâtif, qui eſt rond, fort relevé ; il charge beaucoup & par bouquets.

Le Gros-Blanquet, ou Blanquette, eſt plus long que rond, de moyenne groſſeur, la peau liſſée, l'eau ſucrée & relevée, la chair caſſante ; le bois eſt gros & la feuille large : fin de Juillet.

L'Epargne, ou de Beau-Préſent, ou de Saint-Samſon, eſt groſſe, longue, verdâtre, prend un peu de rouge ; ſa chair eſt un peu âpre & caſſante ; elle a la queue longue : fin de Juillet, & commencement d'Août.

L'Ognonnet, ou Amiré-Roux, ou Archiduc d'Eté, eſt ronde, plate, de couleur blanchâtre, & un peu rouge; la queue courte, sa chair demi-cassante, & d'un goût rosat.

La Suprême est une Poire de médiocre grosseur, plus longue que ronde, d'un rouge de corail, dont l'eau est fort douce & sans pierres.

Le Blaiquet à la longue queue est plus petit que le gros, de même figure, sa chair demi-cassante, son eau sucrée; il est très-estimé : commencement d'Août.

La Fleur de Guigne, ou Poire sans peau, est de la figure du Rousselet, de couleur verdâtre; sa chair est fondante, d'un goût parfumé; c'est une excellente poire; elle a son bois long & droit; fait mieux sur Franc que sur Coignassier.

Le Rousselet hâtif, ou Poire de Chypre, ou Perdreau, est petite, ronde, de la couleur du Rousselet; sa chair demi-beurée, l'eau parfumée; elle est sujette à mollir, si on ne la cueille un peu verte.

L'Epine-Rose, ou Poire de Rose, est une fois plus grosse que l'Ognonnet, a la même figure, la queue plus longue, le même goût; elle est plus tendre, & demi-fondante; elle a le bois plus gros, & la feuille plus grande.

La Bergamote d'Eté, ou Milan de la beuriere, ressemble à la Bergamote d'Automne, est plus grosse; elle est bonne, demi-beurée; est sujette à cotonner, si on ne la cueille un peu verte. le bois & les feuilles sont farineux.

L'Orange-Rouge est ronde, semblable à une orange par sa figure, d'un fond gris & d'un rouge de corail, l'eau bien sucrée, un peu cassante & musquée. Il la faut prendre un peu verte, pour qu'elle ne soit point cotonneuse : Août.

L'Orange-Musquée est de même figure que la précédente, mais moins grosse & plus verte, ne prend presque point de rouge; elle est cassante, mais est estimée pour son musc agréable. Sa maturité est de même que la rouge.

Le Salviati est de moyenne grosseur, rond, beau & jaune, prend un peu de rouge au Soleil; est excellent; son eau est sucrée & parfumée; il est demi-beuré, sans marc. Il est bon au sucre; on en fait aussi du Ratafia. Il fait mieux sur Franc, que sur Coignassier.

La Chair-à-Dame est de moyenne

groffeur, affez ronde, grife, de couleur ifabelle, prend un peu de rouge;
fa chair n'eft pas fine, elle eft demi-
caffante.

La Caffolette, ou Friolet, ou
Mufcat verd, ou Lêchefrion, eft
de moyenne groffeur, ni longue, ni
ronde; elle eft verdâtre, fon eau
mufquée & fucrée; elle eft caffante
& tendre; elle fe garde affez pour un
fruit d'Eté; l'arbre charge beaucoup.

Le Roi d'Eté a la figure & la couleur du Rouffelet; mais il eft quatre
fois plus gros, un peu plus pointu
vers la queue; fa peau eft rude &
marquetée de petit point gris; fa
chair n'eft pas fine; elle eft demi-
caffante; fon eau eft bonne & un
peu parfumée.

La Robine, ou Royale d'Eté, eft
petite, ronde, jaune; elle eft très-
mufquée & fucrée, & eftimée des
Curieux, demi-caffante; elle charge
par bouquets. Elle vient plus groffe
fur le Coignaffier que fur le Franc.

Le Parfum d'Août eft une Poire
prefque ronde, qui prend beaucoup
de rouge; elle eft fort mufquée; elle
eft mûre à la mi-Août; elle charge
beaucoup.

La Grife-Bonne, ou la Poire-de-Foreſt, ou la Crapaudine, ou l'Ambrette d'Eté, ou la Rude-Epée, à cauſe de ſon bois piquant.; cette Poire eſt un peu longuette & toute grife; elle eſt fondante & beurée.

La Poire d'Amiral eſt rouge, plus plate que ronde; elle a l'eau un peu féche; elle charge bien & ſans pierres.

Le Rouſſelet de Reims eſt une excellente Poire; tout le monde la connoît; elle mûrit à la fin d'Août & au commencement de Septembre.

L'Inconnu-Chêneau, ou Fondante de Breſt; quoiqu'on la nomme Fondante, elle ne l'eſt pas; elle eſt caſſante, plus longue que ronde, jaune d'un côté & rouge de l'autre; ſon eau eſt ſucrée & relevée; elle charge beaucoup; ſon bois pouſſe gros & jamais droit.

Le Bon-Chrétien d'Eté, ou Gracioli, eſt gros, long, liſſé, jaune; ſon eau eſt très-ſucrée; il eſt demi-caſſant. Quoiqu'il ne ſoit pas généralement eſtimé, c'eſt une bonne Poire, ſemblable au Bon-Chrétien d'Hiver pour ſa figure; elle eſt excellente en compote : commencement de Septembre.

Le Bon-Chrétien d'Eté mufqué eft une Poire d'une groffeur raifonnable, longue; fa peau eft jaune, liffée, fouettée de rouge quand on la découvre; fa chair eft parfumée & caffante. Quoiqu'on la nomme Bon-Chrétien, ni fon bois, ni fes feuilles n'en ont le caractere; la Poire en a feulement la figure : enté fur Franc.

L'Epine d'Eté, ou Fondante mufquée, (en Italie *Bugiarda*) eft d'une bonne groffeur, longue, fa peau liffée & verdâtre, fa chair fondante, relevée & parfumée. C'eft une excellente Poire.

Louis XIV la nommoit la Bonne-Poire.

La Poire-d'Œuf, ainfi nommée, parce qu'elle en a la figure, eft d'une bonne groffeur; fa couleur eft verdâtre, marquée de points gris; elle eft panachée de rouge & de verd du côté du Soleil; fa chair eft tendre, demi-beurée, & d'un goût très-relevé; elle nous vient d'Allemagne, où elle eft très-eftimée, & même affez rare. Entée fur Franc.

L'Orange-Tulipée, ou la Poire-aux-Mouche, eft d'une bonne groffeur, affez ronde, verte & rouge du

côté du Soleil ; sa chair est demi-cassante , un peu âpre , mais d'un goût
agréable.

Le Beuré d'Angleterre, ou simple-
ment l'Angleterre, est d'une moyenne
grosseur, un peu longuette, de couleur grisâtre ; sa chair est demi-beurée
& fondante, d'un goût relevé ; elle est
sujette à mollir, si on la garde quelque
tems. Entée sur Franc.

Le Finor est une Poire rouge,
plus plate que longue, a beaucoup
d'eau , est très-tendre & délicate,
charge bien , & est très-estimée.

Ila Cramoisine est une Poire longuette, qui ressemble au Blanquet,
mais plus menue vers la queue, dont
l'eau est fort sucrée, charge beaucoup.

POIRES D'AUTOMNE.

Le Beuré est une grosse Poire , connue de tout le monde ; elle est belle
à voir ; il y en a de grises & de
rouges, qui ne font qu'une espece ;
son beuré est si fondant, qu'elle en
porte le nom ; elle est d'un suc &
d'un fumet admirable ; c'est une des
plus excellentes Poires. Elle devient
toujours grise sur les arbres vigou-

reux & fur le Franc : fin de Septembre & commencement d'Octobre.

Le Bezi-de-Montigny eft une Poire
de la figure & groffeur du Doyenné,
mais plus fondante & plus mufquée;
elle mûrit à la fin de Septembre.

La Verte-Longue , ou Mouille-
Bouche ordinaire, eft longue & verte,
même étant mûre; elle eft très-fondante, d'une eau excellente dans les
terres chaudes; elle n'eft pas fi bonne
dans les terres froides & humides;
l'arbre charge beaucoup : commencement d'Octobre.

La Verte-Longue panachée , ou
Suiffe , n'eft différente de la précédente que parce qu'elle eft rayée de
verd, de jaune & de rouge; elle eft
très-fondante & a le même goût; fa
maturité eft de même; fon bois eft
panaché de jaune.

Le Doyenné, ou Beuré blanc, ou
Saint-Michel de Bonne Ente, eft gros,
jaune comme un citron lorfqu'il eft
mûr; il eft très-beuré, fon eau fucrée; il eft bon dans les années féches,
& a un bon fumet; il le faut manger
un peu vert, autrement il devient
cotonneux; l'arbre charge beaucoup.

Le Bezi-de-la-Motte eft gros, reffemble pour fa figure au Doyenné; il n'eſt pas jaune, ſa chair eſt fondante & douce. C'eſt une bonne Poire.

Le Meſſire-Jean eſt une groſſe Poire; il y en a de gris & de doré; il eſt d'un goût exquis, ſa chair eſt caſſante & pierreuſe, ſon eau eſt très-1elevée; il eſt fort eſtimé; il en eſt de ſa variété comme de celle des Beurés.

La Bergamotte Suiſſe eſt d'une bonne groſſeur, ronde, plate, liſſée, panachée de verd, de jaune & de rouge; elle eſt beurée, fondante & ſucrée; c'eſt une excellente Poire; le bois eſt, panaché.

La Bergamotte d'Automne eſt groſſe, plate, liſſée, jaune en mûriſſant; elle eſt beurée & fondante; elle fait un bel arbre; l'eſpalier lui convient mieux que le buiſſon, où il devient toujours galeux.

Le Sucré-Verd eſt aſſez gros, plus rond que long, ſa peau liſſée & verte; il eſt très-beuré & très-ſucré; l'arbre charge beaucoup & par bouquets, & fait un gros bois.

La Poire de Vigne, ou de Demoiſelle, eſt petite, aſſez ronde, griſe-brune, la queue fort longue; elle eſt fondante, d'un goût fort relevé;

elle eſt ſujette à mollir quand on la laiſſe trop mûrir.

La Bergamotte d'Angleterre eſt preſque ronde ; elle eſt jaune, & c'eſt une bonne Poire, ayant beaucoup d'eau & de parfum ; elle n'eſt pas fort connue ; elle charge beaucoup. Sur Franc.

Le Beſi-d'Heri eſt une Poire ronde, jaune, liſſe, aſſez groſſe, meilleure cuite que crue. Elle vient mieux ſur le Franc que ſur le Coignaſſier.

La Poire de Lanſac, ou Dauphine, que pluſieurs Auteurs nomment Satin, eſt ronde ; ſa peau eſt jaune & liſſée ; ſon eau eſt ſucrée, ſa chair fondante, & a un petit fumet agréable : fin d'Octobre.

Elle fut préſentée pour la premiere fois à Louis XIV, lorſqu'il étoit Dauphin, par Madame de Lanſac, pour lors ſa Gouvernante.

La Franchipane, ou Dauphine, eſt plus longue que ronde, d'une bonne groſſeur ; ſa peau eſt liſſée & jaune ; elle eſt demi-fondante & bonne ; ſon eau eſt douce & ſucrée ; elle a le goût de Franchipane.

La Belliſſime d'Automne, ou Vermillon, eſt de la figure de la Cuiſſe-

Madame; elle eſt plus groſſe & a le
même goût; elle eſt ſucrée & caſſante; elle eſt très-bonne quand elle
eſt bien mûre.

La Jalouſie eſt groſſe, un peu pointue vers la queue, d'une couleur gri-
ſâtre, ſemblable au Martin-Sec; elle
a beaucoup d'eau; elle eſt ſujette à
mollir, ſi on ne la cueille un peu
verte. Sur Franc.

Le Doyenné gris, plus excellent
que le blanc; cette Poire eſt fondante,
extrêmement ſucrée, n'eſt point ſujette à devenir cotonneuſe, & ſe mange au commencement de Novembre.
Elle ne ſe trouve qu'aux Pépinieres
des Chartreux.

La Rouſſeline eſt longue, pointue
vers la queue, qu'elle a très-longue;
elle a beaucoup de rapport au Rouſſelet par ſa couleur: elle eſt ſucrée,
muſquée & demi-beurée: Novembre.
Sur Franc.

La Marquiſe eſt groſſe, reſſemble
au Bon-Chrétien d'Hyver par ſa figure; elle eſt un peu plus pointue
vers la queue; ſa peau eſt verte;
elle devient jaune en mûriſſant; elle
eſt beurée & fondante; ſon eau eſt
ſucrée & un peu muſquée; c'eſt une

Poire excellente ; elle fait un bel arbre.

Le Bon-Chrétien d'Efpagne eft de même figure que le Bon-Chrétien d'Hyver. Il eft beau & rouge ; fa chair eft féche & caffante ; il eft eftimé pour fervir fur table & pour les compotes.

La Louife-Bonne eft groffe, plus longue que ronde, de couleur blanchâtre, fa peau liffée & douce ; elle eft demi-beurée, fon eau eft douce dans les terres féches ; elle a un fumet agréable ; elle fait un bel arbre.

La Crafane, ou Bergamote-Crafane, eft groffe, ronde, d'un gris verdâtre ; elle jaunit un peu en mûriffant ; elle eft très-fondante ; fon eau fucrée, & un peu parfumée ; elle a une âpreté qui eft agréable au goût ; elle eft très-eftimée ; c'eft une bonne Poire.

La Crafane panachée, eft la même que l'autre Crafane. Cela vient d'une variété qui s'eft trouvée dans l'efpece. Elle eft d'une panache fort jolie & très-éclatante ; fa feuille étant bordéede blanc autour.

La Paftorale, ou Mufette-d'Automne, eft longue & d'une bonne groffeur ; fa peau eft grisâtre, fa chair eft demi-fondante, un peu mufquée ;
c'eft

c'eſt une bonne Poire; elle ſe garde juſqu'en Décembre.

La Poire d'Auge eſt ſemblable au Salviati, elle prend du rouge, elle eſt un peu plate & beuré, ſa peau eſt brute & mal unie, fait un bourlet près la queue qui eſt enfoncée.

La Belle & Bonne, eſt une Poire aſſez groſſe, plus longue que ronde, prend beaucoup de rouge, dont la chair eſt beaucoup délicatte & fondante, eſt une très-bonne Poire.

Le Chat-Brûlé ou Pucelle de Xaintonge, eſt une Poire un peu longue, qui eſt fort bonne, & fondante.

Le Saint-Lezin, eſt une Poire fort longue, & jaune, eſt caſſante, d'une eau douce & ſucrée; elle eſt fort eſtimée en Anjou.

Pa Poire de Tonneau eſt auſſi groſſe par la queue que par la tête; elle vient groſſe, & eſt excellente en compotes: Février & Mars.

POIRES D'HYVER.

L'Epine-d'Hyver eſt d'une bonne groſſeur, plus longue que ronde; elle eſt verte, & jaunit un peu en mûriſſant; elle eſt très-fondante, un peu muſquée & beurée; elle a le goût plus fin , greffée fur le Coignaffier , que fur le Franc , & dans les terres féches & chaudes : Novembre.

La Merveille-d'Hyver, ou Petit-Oin , eft d'une bonne groffeur , d'une figure inégale, n'étant ni ronde, ni longue ; elle eft verdâtre ; fa chair eft fondante & d'un beuré très-fin , & l'eau très-agréable ; l'arbre réuffit mieux fur le Franc que fur le Coignaffier : Novembre.

Le Bezi de Quêffois , venant de Bretagne , de la Forêt de Quêffois, eft une petite Poire prefque ronde, fort brune & beurée ; on l'appelle le petit Beuré d'Hyver ; il mûrit en Novembre ; il charge par bouquets. Sur Franc.

La Virgouleufe eft groffe, longue & verte, elle jaunit en mûriffant ; elle eft beurée & fondante ; c'eft une des meilleures Poires ; tout le monde la connoît par fon excellente bonté ; elle fait un arbre fuperbe, tant par fon bois, que par fes feuilles : fin de Novembre, Décembre & Janvier.

L'Ambrette eft de moyenne groffeur , ronde , blanchâtre dans les terres légeres, & grife dans les terres fortes; elle eft fondante ; fon eau eft fucrée, relevée & exquife quand elle est greffée sur le Coignassier ; son bois est toujours épineux.

La Solitaire, ou la Mansuette ressemble beaucoup au Bon-Chrétien d'Hyver par son fruit, son bois & ses feuilles ; elle est moins grosse du côté de l'œil, demi-cassante ; son eau douce & agréable : elle est fort estimée en Flandres.

Le Bezi-de-Chassery, ou le Chassery, est de moyenne grosseur, rond ou ovale, de couleur blanchâtre : il est beuré & fondant ; son eau est sucrée & musquée. C'est une des plus excellentes Poires d'Hyver. Ses feuilles font longues & étroites.

Le Martin-Sire, ou Poire de Romeville, est plus long que rond, d'une moyenne grosseur, verdâtre & lissé ; sa chair est cassante, son eau douce ; il se mange en Janvier.

La Royale-d'Hyver, (en Italie *Spina di Carpi*) est belle, grosse, plus longue que ronde, de la figure & de la couleur de Bon-Chrétien d'Eté ; elle prend du rouge ; elle jaunit en mûrissant ; sa chair est demi-beurée & fondante, & très-sucrée dans les terres séches & chaudes : Janvier, Février. Le bois est gros, les feuilles larges qui font le bateau. Sa greffe fait le bourlet sur le Coignaſſier.

Le Martin-Sec eſt plus long que rond, ſa peau eſt griſe, prend beaucoup de rouge au Soleil ; ſa chair eſt caſſante ; ſon eau eſt ſucrée, d'un goût agréable ; il eſt auſſi eſtimé crud b. que cuit ; il ſe garde juſqu'en Février.

La Bergamote de Soulers eſt aſſez groſſe, moins plate & de même couleur que la Bergamote d'Automne ; elle eſt beurée & fondante ; ſon eau eſt ſucrée : Février & Mars.

Le Bezi - de - Chaumontel , qu'on nomme auſſi Beuré-d'Hyver, eſt aſſez ſemblable au Beuré pour ſa figure & ſa couleur. Il eſt demi-beuré & fondant ; l'eau en eſt ſucrée ; c'eſt une bonne Poire : en Février.

Le Colmart, ou Poire-Manne, eſt gros, plus long que rond, blanchâtre, prend un peu de rouge du côté du Soleil ; il eſt beuré & fondant ; ſon eau eſt ſucrée & d'un goût très-fin ; c'eſt une des plus excellentes Poires d'Hyver que nous ayons ; elle ſe mange en Février, en Mars & quelquefois en Avril.

Le Saint-Germain eſt gros, long ; il eſt verdâtre, il jaunit en mûriſſant ;

très-beuré & fondant. C'eſt une
exxcellente Poire; elle ſe garde juſqu'en
Mars & quelquefois en Avril; elle
ſait un bel arbre & très-vigoureux;
ſes feuilles ſont longues, elles ſont
en demi-cercle, recourbées en-deſſous.

L'Orange-d'Hyver a la figure des
autres Oranges: elle eſt blanchâtre,
demi-caſſante, l'eau relevée: ſa maturité eſt en Mars & Avril.

Le Rouſſelet d'Hyver eſt de la
même groſſeur & figure que le Rouſſelet; ſa couleur approche de celle
du Martin-Sec; il prend du rouge;
Il eſt demi-caſſant, d'un goût un peu
relevé: ſa maturité eſt en Mars.

Le Bon-Chrétien d'Hyver eſt une
Poire ancienne, aſſez connue de tout
le monde ſans la décrire: elle dure
juſqu'au Printems. Il vient plus gros,
plus doré & plus rouge ſur le Coignaſſier que ſur le Franc, & plus beau
en eſpalier qu'en buiſſon.

L'Angelique de Bordeau, ou Saint-
Martial, eſt aſſez ſemblable au Bon-
Chrétien d'Hyver, mais plus plate
& moins groſſe; elle eſt caſſante &
ſucrée; elle ſe garde fort long-tems.

La Bergamote de Pâques, ou d'Hyver, eſt un peu reſſemblante à la Bergamote d'Automne, mais plus lon-

gue ; elle est demi-beurée ; elle se garde long-tems, on en mange encore en Mars.

Le Muscat-Allemand est une excellente Poire, plus longue que ronde, de la figure de la Royale-d'Hyver ; son bois & ses feuilles en approchent ; elle est moins grosse vers l'œil ; elle est plus grise & prend peu de rouge au Soleil ; elle est beurée, fondante, & un peu musquée : on la mange en Mars, Avril ; il y en a quelquefois en Mai.

La Poire de Naples est assez grosse, un peu longue & verdâtre ; sa chair est demi-cassante, son eau douce ; elle se mange en Mars ; ses feuilles sont longues, étroites & ondées, & fort singulieres.

L'Impériale à feuilles de Chêne est une Poire qui ressemble à une moyenne Virgouleuse, aussi verte. Avril & Mai.

La Poire de Saint-François est plus longue que ronde, de couleur grise, rouge du côté du Soleil ; elle est excellente cuite ; son eau étant musquée & sans pierres ; elle est assez bonne crue, & se garde long-tems. Sur Franc.

La Bergamote-de-Hollande est assez grosse & ronde, de la figure des

Bergamotes, sa couleur est verdâtre,
sa chair est demi-beurée & tendre,
son eau relevée : c'est une bonne Poire
qui se garde jusqu'en Juin : elle n'est
pas fort connue.

La Poire de Malthe ou Caillot-Ro-
sat d'Hyver, est presque ronde, d'un
gris brun, a la queue grosse & courte,
d'une eau douce en rosate ; elle se
mange pendant long-tems.

Poires *excellentes à cuire.*

Le Franc-Réal est une grosse Poire
un peu longue, verdâtre, marquetée
de petits points gris : c'est une Poire
excellente en compotes & à cuire
dans la cloche. L'arbre charge beaucoup ; le bois & les feuilles sont fa-
rineuses.

La Catillac est une très-grosse Poire
blanchâtre , & un peu plus longue
que ronde, de couleur grisâtre ; elle
est très-bonne cuite de toutes façons ;
son bois est gros, & ses feuilles larges.

La Double-Fleur est une Poire longue, grise, rouge du côté du Soleil ;
sa fleur est très-double ; elle fait plaisir
à voir ; elle est excellente à cuire, &
se garde très-long-tems.

La Poire-de-Livre est fort grosse,

affez ronde ; elle eſt très-bonne cuite ; l'arbre pouſſe vigoureuſement ; ſon bois eſt fort gros, & ſa feuille très-large. Sur Franc.

La Douville, ou la Poire de Provence, eſt aſſez groſſe & longue, d'un jaune rouge, ſans pierres ; elle n'eſt bonne que cuite, & eſt très-eſtimée.

Le Parfum divers ou Bouvard-Muſqué, eſt une très-belle Poire, groſſe & ronde, d'un beau rouge, qui charge bien ; & meilleur cuite que crue.

Le Gilogille ou la Garde-d'Ecoſſe, eſt une très-belle Poire, groſſe & ronde, liſſe & jaune, qui n'eſt bonne qu'à cuire.

La Belliſſime d'Hyver, eſt une Poire très-Groſſe & longue, de couleur griſâte, qui charge beaucoup ſon eau, eſt aſſez douce : & des meilleure à cuire.

Il y a encore des Poires qui ſont plus curieuſes qu'excellentes ; comme la Sanguinolle qui eſt rouge en dedans, & qui n'eſt eſtimée que par ſa ſingularité : ſa maturité eſt au mois d'Août.

POMMIER, *MALUS.*

La deſcription des fleurs du Poirier convient à tous égards aux fleurs du Pommier. La

La Pomme est ordinairement d'une forme plus arondie que la Poire, & sa queue est reçue dans une cavité plus profonde. Cependant cette différence est si peu marquée dans quelques races, qu'on sçait à peine à laquelle des deux especes les rapporter, & qu'on les appelle des Pommes-Poires.

Le Pommier se plaît dans les terres un peu humides, & qui ont beaucoup de fond.

POMMES.

La Passe-Pomme Rouge est la plus hâtive, veut être mangée de bonne heure, est belle à peindre, fort fleurie & fort tendre; charge beaucoup.

La Calville d'Eté est un peu longuette, de moyenne grosseur, rayée de blanc & de rouge; sa chair est légere & séche; l'eau assez douce; elle n'est estimée que par sa primeur : elle se mange au commencement de Juillet.

Le Rambour-Franc est une grosse Pomme, d'une figure un peu plate, blanche, rayée d'un peu de rouge; elle est excellente cuite, principalement en compotes : elle est estimée à cause de sa primeur; elle fait un bel

E

arbre ; le bois eſt fort gros & la feuille
très-large.

Le Fenouillet Gris, ou Pomme
d'Anis, eſt d'une moyenne groſſeur,
un peu plus longue que ronde, &
grisâtre ; ſa chair eſt tendre ; elle a
le goût d'Anis ; elle eſt excellente
quand elle eſt un peu fanée ; le bois
& les feuilles ſont blanchâtres.

Le Fenouillet Rouge, ou Bardin,
ou Courpenduc (ſelon M.^r de la
Quintynie) eſt ſemblable à la précédente, mais plus griſe & d'un rouge
brun du côté du Soleil ; elle a le même
goût, mais plus ſucré ; elle eſt muſquée dans les terres légeres & chaudes.

La Pomme-Figue, ſans pepin, vient
comme la Figue ſans fleur apparente ;
elle eſt longuette, d'une moyenne
groſſeur ; elle eſt plus curieuſe que
bonne ; ſa ſingularité la fait eſtimer.

La Paſſe-Pomme d'Automne, ou
la Pomme Générale, qui vient de
Bretagne, où elle eſt fort eſtimée,
eſt d'une médiocre groſſeur ; ſa peau
eſt d'un rouge vermeil ; elle eſt rouge
dedans, & eſt la plus légere des Pommes ; elle mûrit en Août.

La Couſſinette eſt une petite Pomme, & d'un beau rouge vif.

La Petite-Reinette jaune, hâtive, est plus tendre que les autres Reinettes; elle n'a pas l'eau si relevée que les autres; elle dure peu; elle se mange en Septembre.

La Reinette-Rousse, ou Reinette des Carmes est plus grosse & plus ferme que la précédente : son eau est relevée & dure long-tems.

La Pomme de Pigeonnet est longue & fort rayée : Octobre.

La Royale d'Angleterre est une Pomme d'une grosseur extraordinaire, plus longue que ronde; elle est tendre & légere.

Le Postophe d'Eté est une Pomme de la grosseur d'une Reinette blanche, mais elle a l'œil plus enfoncé : fin d'Octobre.

La Calville blanche est une grosse Pomme, blanche dedans & dehors; elle est par côtes; sa chair est très-légere & le goût très-relevé, sans aucun acide; elle est fort estimée & se garde assez de tems; elle fait un bel arbre; son bois est gros; sa feuille large.

La Calville rouge est grosse, plus longue que ronde, d'un beau rouge; sa chair est très-légere, son goût vi-

neux ; c'eſt une excellente Pomme ;
les vieux arbres en produiſent de
rouges en dedans, pourvu qu'ils ſoient
dans une terre forte & froide ; elle ſe
garde long-tems.

La Reinette Franche eſt aſſez connue ; elle eſt groſſe & belle ; elle
jaunit en mûriſſant ; elle eſt tiquetée
de petits points gris ; elle a l'eau
ſucrée ; c'eſt une des plus excellentes
Pommes, tant crue que cuite ; on en
garde juſqu'aux nouvelles ; elle eſt
eſtimée de tout le monde par ſa beauté
& ſa bonté.

La Reinette-Griſe eſt groſſe, très-
bonne ; elle a l'eau ſucrée ; elle ne ſe
garde pas ſi long-tems que la Reinette Franche ; elle eſt auſſi eſtimée ;
elle lui reſſemble, hors la couleur,
qui eſt très-griſe.

La Reinette-Rouge a la figure des
Reinettes, mais plus ronde & moins
groſſe ; elle eſt d'un beau rouge ſur
un fond blanchâtre ; ſa chair eſt
ferme & l'eau ſucrée ; elle ſe garde aſſez
long-tems, mais elle n'eſt pas fort
commune. La plupart la confondent
avec la Reinette-Franche.

La Pomme d'Or , ou Reinette
d'Angleterre, (nommée par les An-

glois *Gold-Pippin*) eſt un peu plus
longue que ronde, d'une moyenne
groſſeur, & jaune comme de l'or;
elle eſt tiquetée de petits points
rouges; elle eſt ſucrée, & a le goût
plus relevé que la Reinette; elle eſt
fort eſtimée de tous les Curieux;
elle ſe garde aſſez de tems.

La Pomme Violette eſt aſſez groſſe,
blanchâtre & fouettée de rouge où
le Soleil n'a pas donné, & fort char-
gée de rouge où elle a été décou-
verte; ſa chair eſt fort blanche &
fort fine, & délicate; l'eau très-dou-
ce & ſucrée; c'eſt une bonne Pomme, mais elle ne paſſe pas l'année;
elle a un petit goût de Violette, ce
qui lui en fait donner le nom.

La Pomme de Drap-d'Or eſt groſſe;
ſa peau eſt ſemblable à du drap d'or,
d'où lui vient ſon nom; ſon eau eſt
bonne; ſa chair eſt un peu cotonneuſe; elle ne paſſe pas l'année; elle
eſt eſtimée des Curieux.

La Pomme d'Api eſt fort connue
de tout le monde ſans la décrire; la petite eſt meilleure que la groſſe, qu'on
nomme Pomme de Roſe, parce qu'elle
en a l'odeur. La premiere devient
plus rouge, & a un meilleur goût;

elle eſt fort eſtimée ; elle ſe garde très-long-tems.

L'Api Noir eſt une Pomme de la figure de l'Api ordinaire, mais plus groſſe & a le même goût ; ſon bois & ſes feuilles ſont preſque ſemblables.

Le Gros Courpendu gris eſt une très-groſſe Pomme d'un gris rouge ; c'eſt une Pomme excellente à manger cruc & en compotes.

La Pomme Nompareille eſt une Pomme qui eſt verte ; elle eſt d'une belle groſſeur, prend un peu de gris ; a la queue longue ; elle eſt fort eſtimée en Angleterre, ſe garde long-tems & eſt très-bonne.

Le Raimbour d'Hyver eſt très-gros, un peu plus long que le Rambour d'Eté ; elle eſt toute verte & excellente pour cuire pour les Malades à cauſe de ſon eau aigrelette.

La Pomme-Poire eſt une eſpece de Reinette Griſe, qui a la chair dure, aſſez bonne & ſe garde bien.

Le petit Pommier Nain, qui demeure toujours petit, eſt propre à mettre en pots ou en caiſſes ; il donne ſon fruit de la groſſeur d'une Reinette Blanche ; elle eſt longue, jaune ; elle eſt très-bonne & ſe garde très-long-tems.

La Pomme d'Aſtracan, ou la Tranſparente de Moſcovie, eſt très-blanche & très-groſſe, & a la peau ſi fine, que l'on voit preſque le jour au travers : ſa maturité en Janvier & Février.

La Pomme Blanche Suiſſe eſt très-groſſe : Janvier & Février.

Le Poſtophe d'Hyver eſt une Pomme très-groſſe, d'un rouge pâle ; elle ſe garde long-tems.

La Reinette Griſe de Champagne eſt une Pomme plate, caſſante & ſucrée, qui ſe garde long-tems.

Le Gros-Faros eſt une Pomme très-groſſe & un peu plate, rayée de rouge ; elle eſt caſſante, & a beaucoup d'eau ; elle ſe garde très-long-tems.

Le Gros-Capendu Rouge eſt une Pomme longuette, qui eſt très-caſſante ; ſon eau eſt fort douce ; elle ſe garde long-tems.

La Paſſe-Roſe plate eſt une Pomme pareille à celle d'Api, mais bien plus groſſe ; elle ſe garde long-tems.

Le Françatu eſt une groſſe Pomme, un peu plate ; elle a l'œil enfoncé ; elle eſt tiquetée de petits points gris : Janvier.

La Pomme de Haute-Bonté eſt plus

plate que longue ; elle prend du rouge , elle est très-grosse & se garde
long-tems, presque jusqu'à la Pente-
côte ; elle est très-bonne.

La Princesse-Noble est une Pomme
de la figure de la Reinette, un peu
plus plate, qui a l'œil enfoncé , qui
prend beaucoup de rouge : est une
excellente Pomme.

La Calville blanche d'Eté, se mange en même tems que la rouge, &
elle est de la forme, de la grosseur
de la rouge ; mais toute blanche dehors & dedans.

La Pomme de Malingre d'Angleterre , est très-grosse & longue , d'un
suc fort aigre ; se garde long-tems ;
est bonne cuite pour les malades.

Le Bondi est une Pomme assez
grosse , blanche & rougeâtre , fort
lisse , qui charge beaucoup & souvent ; & est meilleure cuite que crue.

La Pomme de Jardi , est une très-
grosse Pomme , qui a la queue très-
longue & menue, qui a la chair très-
jaune & ferme : & se garde bien.

Il y a encore beaucoup de sortes
de Pommes , mais moins bonnes , &
qui ne sont estimées qu'en certains
Pays , pour cuire, ou pour le cidre.

AZEROLIER. *AZAROLUS.*

La fleur de l'Azerolier eſt formée de cinq petales diſpoſés en roſe , & inſérés par leurs onglets ſur un calice d'une ſeule piece dont le bas repréſente une coupe & le haut eſt dépecé en cinq ſegmens comme de petites feuilles. L'embrion eſt ſitué ſous la fleur , à la baſe du calice , & ſurmonté ordinairement de deux ſtyles entourés d'une vingtaine d'étamines.

L'Azerole eſt une baye (ou petit fruit ſucculent) terminée par un ombilic provenant des ſegmens du calice , & renfermant dans ſa pulpe deux petits noyaux.

L'Azerole eſt un fruit aſſez fade ; auſſi eſt-il peu d'uſage, ſi ce n'eſt dans les deſſerts.

Azeroles.

L'Azerole blanche eſt groſſe & blanchâtre ; elle ne charge bien qu'en eſpalier ; ſes feuilles ſont découpées & argentées.

L'Azerole rouge eſt moins groſſe ; elle eſt eſtimée pour les confitures ; ſes feuilles ſont larges, ſans découpures, mais dentées ; elle charge par bouquets, & parfaitement en plein air.

L'Azerole de Canada.

L'Azerole de Virginie.

L'Azerolier odorant.

NEFLIER. *MESPILUS.*

La fleur de même que l'Azerolier.

Le fruit contient cinq noyaux durs.

Le Neflier s'accommode affez bien de toutes fortes de terreins, pourvu qu'ils ne foient pas trop fecs.

La Nefle, ou Mêle, eft un fruit affez médiocre, que l'on ne mange qu'après l'avoir laiffé mollir fur la paille, ce qui en développe les fucs & en relève un peu le goût.

NEFLES.

La groffe Nefle eft fort groffe, & fon bois gros, fes feuilles font larges.

La Nefle fans pepin eft petite, mais eftimée par fa rareté.

EPINE-VINETTE. *BERBERIS.*

La fleur eft formée de fix petales, renfermés dans un calice de fix feuilles un peu colorées. On voit au fond de la fleur un embrion entouré de fix étamines.

Le fruit eft une petite baye fucculente, oblongue, terminée par un petit ombilic, & contenant deux pepins affez durs. Les fleurs font raffemblées en grapes.

L'Epine-Vinette s'accommode aifément de toutes fortes de terreins; mais il porte de plus beau fruit dans une bonne terre que dans une terre maigre & féche.

Le fruit de l'Epine-Vinette ne fe mange gueres crud; mais on en fait des confitures, des gelées excellentes.

L'Epine-Vinette fans pepin eft petite, mais fort eftimée.

L'Epine-Vinette de Canada, à gros fruit.

VIGNE. *VITIS.*

La fleur eft formée de cinq petits petales verdâtres, (qui fe réuniffant affez ordinairement par leur pointe, forment comme un petit bonnet, & tombent tous à la fois,) d'un très-petit calice à cinq dents, & de cinq étamines. L'embrion eft fitué au centre de la fleur, & devient une baye ou grain fucculent, contenant naturellement cinq pepins, dont la plupart avortent fouvent.

RAISINS.

Le Raisin précoce, ou Morillon noir hâtif, est petit, noir, sucré, & n'est estimé que par sa primeur.

La Malvoisie est un Raisin hâtif, gris, fort sucré & relevé; le grain en est petit, mais si plein de jus, qu'il passe pour le plus fondant des Raisins.

Le Chasselas blanc est un bon Raisin, qui mûrit parfaitement. Quand on a soin de le découvrir, il devient ambré & d'un goût excellent. Il se garde long-tems.

Le Chasselas-Musqué est semblable au Chasselas blanc pour la couleur, mais il est musqué; il mûrit parfaitement & de bonne heure; c'est un excellent Raisin : il n'est pas fort connu.

Le Cioutat, ou Raisin d'Autriche, est presque semblable au Chasselas pour son goût & sa couleur; sa feuille est découpée comme celle du Persil.

Le Muscat blanc est un excellent Raisin, très-musqué, d'un goût très-relevé; il a de la peine à mûrir dans les années froides; il faut l'éclaircir, pour que les grains soient moins serrés, pour lors il mûrit mieux.

Les Muscats rouges & les violets

font femblables aux précédens, hors leur couleur ; ils mûriffent mieux, parce qu'ils font moins ferrés, ils font très-excellens & fort eftimés.

Le Mufcat d'Alexandrie, ou Paffe-longue Mufquée eft excellent, fe garde beaucoup de tems ; il a de la peine à mûrir dans les années & dans les terres froides.

Le Corinthe blanc eft petit, rond, fans pepin ; il eft très-fucré & paffe vîte ; c'eft un excellent Raifin.

La Groffe-Perle.

Le Maroc, ou Olivet.

Le Bordelais, ou Verjus, eft ex-cellent pour confire & pour le Verjus.

Le Raifin panaché de noir & de blanc, n'eft eftimé que par fa fingu-larité.

Il y a beaucoup de fortes de Rai-fins qui font curieux, & qui mûrif-fent difficilement, comme les Cor-nichons rouge & blanc, le Grec, &c.

FIGUIER. *FICUS.*

Le Figuier n'a point de fleurs en évidence ; mais les Botaniftes ont dé-couvert dans l'intérieur du fruit toutes les parties effentielles à la fleur.

La Figue eft donc une efpece de

calice charnu & fucculent fermé de quelques petites lames écailleufes, & renfermant dans fa cavité diverfes fleurettes tant mâles que femelles; celles-là plus près de l'œil, celles-ci en plus grand nombre & plus près de la queue de la Figue.

Le Figuier s'accommode de toutes fortes de terres; mais avec cette différence que dans un terrein gras il devient plus gros, & que dans un terrein fec, ou même entre des rochers, fon fruit eft plus fucré & d'un goût plus fin.

Le Figuier ne fupporte pas les gelées de nos grands Hyvers, fi l'on ne prend beaucoup de précautions pour l'en garantir; & fi on le tient en caiffe, il donne peu de fruit.

Il faut donc le tenir en pleine terre, & plutôt en buiffon qu'en efpalier, à une bonne expofition, c'eft-à-dire au Midi, ou au Sud-Eft, & à l'abri d'un côteau, ou de murailles affez élevées qui le défendent de l'afpect du Nord, ou même du Couchant; tenir l'arbre toujours bas & comme nain, en rabattant chaque année jufques fur la fouche quelques-unes des plus groffes branches; les médiocres

continuant à donner du fruit, feront
rabattues fucceffivement ; & quand
les moindres auront pris affez de
force pour être dans le cas de fouf-
frir un pareil retranchément, les nouveaux jets reproduits par la fouche fe
trouveront en état d'y fuppléer & de
fructifier. Il faut en outre couvrir
dans les tems froids les Figuiers nains
avec de la paille, des rofeaux ou des
genêts.

Comme les Figues mûriffent difficilement dans nos climats, il eft bon
1º. de faire paver le deffous des Figuiers, afin d'augmenter la réverbé-
ration du foleil ; 2º. de piquer l'œil de
chaque Figue, lorfqu'elles commen-
cent à groffir, avec une petite plume
enduite d'huile d'olives.

F I G U E S.

La Blanche-Ronde eft groffe ; elle
a le grain petit, la chair très-fucrée,
& le goût très-relevé ; elle charge
beaucoup dans le Printems & l'Automne.

La Blanche-Longue eft tout-à-fait
femblable à la ronde pour fa bonté,
mais elle charge moins dans le Printems ; elle mûrit fort bien dans les
Automnes chaudes.

Les Violettes font de deux fortes.
La Groffe-Longue, & la Ronde, qui
eft plus petite ; elles font de beaucoup
inférieures aux blanches ; elles char-
gent moins dans le Printems, & elles
mûriffent difficilement dans l'Automne.

Il y a encore beaucoup de fortes de
Figues qui ne réuffiffent point dans
notre climat.

CATALOGUE

CATALOGUE

DES ARBUSTES CURIEUX

ET DES PLANTES ETRANGERES.

Pêcher à fleurs doubles.

Amandier à fleurs doubles.

Amandier nain du Canada, à fleurs rouges.

Amandier blanc d'Egypte.

Amandier panaché en blanc & en jaune.

Prunier à fleurs doubles. Il charge peu ; les Prunes font groffes, vertes & affez bonnes.

Prunier du Canada. Il porte de fort jolies fleurs rouges d'un bout à l'autre des branches. Son fruit eft plat & rouge comme une cerife, mais il n'eft pas bien bon.

Prunier à Prunes fans noyau. Ces Prunes font petites, noires, & moins bonnes que curieufes.

Cerifier à fleurs doubles.

Merifier à fleurs doubles. Ses fleurs font charmantes.

F

Bois de Sainte-Lucie. *Cerasus ra-cemosa*, *sylvestris*, *fructu non eduli*.

Poire-Azerole.

Pomme-Azerole, ou Pommier odorant de l'Amérique.

ALISIER. *CRATÆGUS.*

Pour décrire la fleur de l'Alisier, on ne pourroit que répéter la description de celle de l'Azerolier.

L'Alise a ordinairement deux pepins cartilagineux, ou noyaux fort tendres.

Alisier, *Cratægus.*

Alisier, à feuilles de Cerisier, à fruit noir.

Alisier, à fruit rouge.

AMELANCHIER.

Fleur, de même que celle de l'Azerolier.

Le fruit contient plusieurs pepins tendres; au moins trois, au plus dix.

AUBEPINE. *OXYACANTHA.*

Fleur, de même que celle de l'Azerolier.

Le fruit contient ordinairement deux noyaux durs.

Epine à feuilles d'Etable.
Epine à feuilles d'Arbousier.
Epine à feuilles luisantes.
Epine à fleurs doubles.
Epine de Gladstinburic, à fruit jaune.
Epine Royale, à fruit blanc.
Epine de Painchaut.
Cotonaster, (espece de Neslier.)
Platanne.

SORBIER. *SORBUS.*

La fleur est encore la même que celle de l'Azerolier.

Le fruit contient trois pepins dans autant de petites loges.

Sorbier-Cochêne. *Sorbus aucuparia.*
Sorbier-Metis. *Sorbus hybrida.*

Les Botanistes n'ont trouvé entre tous ces arbres, Azerolier, Neslier, Alisier, Amelanchier, Aubepine, Buisson-Ardent, Cotonaster, Sorbier, aucune différence générique bien essentielle & bien constante.

La plupart des Auteurs ont tiré le caractere du Sorbier de ses feuilles empennées, c'est-à-dire, de ce que chaque feuille est composée de plusieurs feuillettes disposées par paires

fur une côte commune que termine
une feuillette impaire : toutes ces feuillettes étroites & dentées. Le Sorbier-
Metis a cela de fingulier, que toutes
fes feuillettes ayant plus de largeur
fe rapprochent tellement les unes des
autres que les premieres rempliffent
prefqu'en entier leurs intervales, les
fuivantes fe tiennent enfemble par
leur bafe, fe touchent prefque par leur
pointe ; enfin les dernieres fe réuniffent
tout-à-fait & fe confondent. Il éft vrai-
femblable que cette race produira par
la fuite de nouveaux fujets, dont les
feuillettes s'élargiffant encore davan-
tage deviendront tellement confluen-
tes qu'elles ne formeront plus toutes
enfemble qu'une feuille large, découpée, ou dentée, mais nullement
compofée, ou empennée. Alors des
Ecrivains célébres, qui regardent cet
Arbre comme un Hybride, ou Metis,
provenant de la fécondation d'un
Sorbier par un Alifier, le rapporte-
ront peut-être tout-à-fait à l'Alifier,
quoique dans fon origine ce foit un
vrai & pur Sorbier.

PENTAPHYLLOIDES.

La fleur eft formée de cinq petales

difpofés en rofe, & inférés par leurs
onglets fur les échancrures du calice,
qui eft d'une feule piece fort évafée,
& partagée en dix feuillettes alter-
nativement grandes & petites, exté-
rieures & intérieures. Les embrions
font en aflez grand nombre au centre
de la fleur, fur un placenta convexe
qui les fait paroître en forme de tête.
Ils font entourés d'une vingtaine d'é-
tamines. Les cinq fegmens extérieurs
du calice fe renverfent & fe rabat-
tent en dehors à maturité ; les cinq
intérieurs fe rapprochent & s'abbaif-
fent en dedans pour envelopper les
femences.

Pentaphylloïdes d'Angleterre. *Pentaphylloïdes frutefcens.*

ALATERNE. *ALATERNUS.*

La fleur eft formée de cinq petales
prefqu'imperceptibles, pofés fur les
échancrures d'un calice d'une feule
piece en entonnoir, dont le bord eft
découpé en cinq fegmens. Au centre
de la fleur on apperçoit un embrion
furmonté de trois ftiles & entouré
de cinq étamines inférées aux échancrures du calice. Le fruit eft une

baye molle qui contient trois femences.

Les fleurs de l'Alaterne font raffemblées en petites grapes. Il y a ordinairement deux individus, dont
l'un porte des fleurs mâles & l'autre
des fleurs femelles. Cependant il fe
trouve toujours, tant fur l'un que fur
l'autre, quelques fleurs hermaphro-
dytes. Ils font entourés d'un vivin
taminés. Les c un

GRENADIER. *PUNICA.*

La fleur eft formée de cinq à huit
pétales, chiffonnés, inférés par leurs
onglets fur les échancrures d'un calice d'une feule piece, en cloche,
épais, coloré, découpé à moirié en
cinq à huit fegmens. L'embrion eft
pofé fous la fleur à la bafe du calice,
& entouré d'un grand nombre d'étamines.

Le fruit eft en forme de pomme,
portant une efpece de couronne an-
tique qui provient des fegmens du
calice; la peau eft coriace; l'intérieur
eft partagé en neuf à dix loges, dont
chacune contient plufieurs pepins fuc-
culens nichés dans une pulpe peu
charnue.

GENEST. *GENISTA.*

La fleur, formée de quatre petales inégaux, repréfente en quelque forte un papillon volant ; le calice eft court, d'une feule piece en tuyau, terminé par cinq dents inégales. L'embrion eft au centre de la fleur, entouré de dix étamines, & devient une gouffe où les femences font attachées à la future fupérieure par une efpece de petit cordon ombilical.

Geneft d'Efpagne, à fleur double. *Genifta juncea, flore multiplici.*

TREFLE. *TRIFOLIUM.*

La fleur repréfente en quelque forte un papillon volant. Le calice eft d'une feule piece en tuyau à cinq dents. L'embrion eft au centre de la fleur, entouré de dix étamines, dont neuf font réunies par leurs filamens. Cet embrion devient une gouffette, où les femences font attachées à la future fupérieure par une efpece de petit cordon ombilical.

Plufieurs fleurs font raffemblées en forme de boulon, ou de petite tête.

ARBRE DE JUDE'E. GAINIER.

SILIQUASTRUM.

La fleur, formée de cinq petales irrégulieres, repréfente en quelque forte un papillon volant. Le calice eft court, d'une feule piece, en clo-che, à cinq dents. Au centre de la fleur on voit l'embrion, entouré de dix étamines d'inégale longueur. Cet embrion devient une gouffe oblon-gue, où les femences font attachées à la future fupérieure par une efpece de petit cordon ombilical.

Arbre de Judée. *Siliquaftrum*, à fleurs rouges & blanches.

Gainier de Virginie.

BONDUC. *GUILANDINA.*

Il y a deux individus, l'un à fleurs mâles, l'autre à fleurs femelles.

La fleur (tant mâle que femelle) a cinq petales inferés à la gorge d'un calice d'une feule piece, en cloche, découpé par fon bord en cinq feg-mens.

La fleur mâle a dix étamines.

La fleur femelle renferme un em-brion, qui devient une gouffe con-tenant

tenant des femences très-dures, fépa-
rées les unes des autres par de petites
cloifons tranfverfales.

ERABLE. *ACER.*

La fleur eft fondée de cinq petits petales, renfermés dans un calice un peu
coloré, découpé en cinq fegmens. On
voit au centre de la fleur une forte de
placenta convexe, renfermant l'embrion, & entouré de huit étamines.
Le fruit eft compofé de deux capfules,
aîlées, contenant chacune une feule
femence.

Erable de Virginie à large feuille.

Erable à fleurs rouges, de Virginie,
mâle & femelle.

Sycomore panaché. *Acer majus,
foliis eleganter variegatis.*

FUSAIN *EVONYMUS.*

La fleur eft formée de quatre à cinq
petales, entourés d'un calice plat,
divifé en quatre à cinq fegmens. Au
centre de la fleur paroît l'embrion qui
porte les petales, & un pareil nombre
d'étamines. Le fruit repréfente un bonnet de Prêtre à quatre ou cinq cornes,

G

& autant de loges, renfermant chacune
un pepin coloré & un peu fucculent.

MARONIER D'INDE.
HIPPOCASTANUM.

La fleur eft formée de cinq petales
& d'un calice d'une feule piece, en
tuyau, à cinq dents. Au centre de la
fleur, on voit l'embrion entouré de
fept étamines. Le fruit eft une capfule ronde, coriace, hériffée d'épines
tendres, & partagée en trois loges,
contenant chacune deux germes, dont
la plupart avortent; de forte qu'il ne
vient gueres qu'un feul Maron à maturité.

Maronier d'Inde panaché.

PAVIA.

La fleur a beaucoup de rapport à
celle du Maronier d'Inde. Elle en
differe finguliérement par l'irrégula-
rité de fes petales; elle a huit étamines. Le fruit a quatre loges, & fa
peau eft affez unie.

Maronier à fleurs rouges.

TAMARIS. *TAMARISCUS.*

La fleur eſt formée de cinq petales, & d'un petit calice d'une ſeule piece, diviſé profondément en cinq. On voit au centre de la fleur un embrion ſurmonté de trois ſtigmates velus, & entourés de cinq étamines. Le fruit eſt une capſule ſimple, triangulaire, qui renferme quantité de petites ſemences aigrettées.

CORNOUILLER. *CORNUS.*

La fleur eſt formée de quatre petales, d'un petit calice à quatre dents, & de quatre étamines. L'embrion eſt ſitué ſous la fleur, à la baſe du calice. Le fruit eſt une baye molette, terminée par un ombilic, & renfermant un noyau fort dur, à deux loges, contenant chacune une amande.

Les fleurs ſont raſſemblées pluſieurs enſemble, comme en ombelle, avec une collerette de quatre petites feuilles colorées, peu durables.

CHEVREFEUILLE. *CAPRIFOLIUM.*

La fleur eſt formée d'un ſeul pétale,

dont le tube eſt fort long, & le pa-
villon eſt découpé en cinq lanieres,
d'un calice très-petit, & diviſé en
cinq ſegmens, & de cinq étamines.
L'embrion eſt poſé ſous la fleur, &
devient une baye à deux loges, terminée par un petit ombilic.

C A M E R I S I E R.
CAMÆCERASUS.

La deſcription de la fleur du Che-
vrefeuille convient également à celle
du Cameriſier. Les fleurs de celui-ci
viennent conſtamment deux à deux,
& ſes bayes auſſi.

L I L A S. *LILAC.*

La fleur eſt formée d'un ſeul petale en entonnoir, dont le tube eſt
très-long, & le limbe découpé en
quatre; d'un calice d'une ſeule piece
en tuyau à quatre dents, & de deux
étamines. L'embrion ſitué au fond de
la fleur devient une capſule à deux
loges, dont la cloiſon eſt perpendi-
culaire aux panneaux. Les fleurs ſont
raſſemblées en forme de grappes.

VIORNE. *VIBURNUM.*

La fleur est formée d'un seul petale en cloche, divisé à moitié en cinq segmens; d'un calice fort petit, d'une seule piece à cinq dents, & de cinq étamines. L'embrion est posé sous la fleur, & devient une baye charnue, qui renferme un seul noyau.

Les fleurs sont rassemblées en cimier, ou fausse ombelle.

CLEMATITE. *CLEMATITIS.*

La fleur est formée de quatre petales sans calice, on voit au centre de la fleur plusieurs embrions surmontés de longs styles en plumes, & entourés de quantité d'étamines.

Clematité à fleurs doubles. *Clematitis cærulea, flore pleno.*

ORME. *ULMUS*

La fleur est formée d'un calice d'une seule piece en cloche, coloré en dedans, verd en dehors, divisé par son bord en cinq segmens. Au centre de la fleur, on voit un em-

brion furmonté de deux ftiles, avec
des ftigmates velus, & entouré de
cinq étamines. Le fruit eft une capfule fimple bordée d'un feuillet membraneux.

Orme panaché.

RHAMNOIDES.

Il y a deux individus, l'un mâle &
l'autre femelle.

La fleur mâle eft formée d'un calice d'une feule piece, divifé profondément en deux parties, creufées en
cuilleron, écartées par leur milieu,
rapprochées par leur fommet, & de
quatre étamines fort courtes.

La fleur femelle eft formée d'un
calice d'une feule piece en tuyau découpé à fon botd en deux fegmens.
Au fond de cette fleur on voit un
embrion, qui devient une feule femence.

ARBRE DE VIE. *THUYA.*

Il y a fur le même individu deux
fortes de fleurs, les unes mâles & les
autres femelles.

Les fleurs mâles font difpofées en

minets & oppofées trois à trois à chaque dent de la rape ou filet commun. Chaque fleur a pour calice un chaton ou petite écaille, qui couvre quatre étamines peu apparentes.

Les fleurs femelles font difpofées en forme de cônes, en oppofite les unes aux autres; chaque chaton, ou écaille oblongue, fervant de calice, couvre deux petits embrions. Les femences qui en proviennent font bordées d'ailerons membraneux.

PEUPLIER. *POPULUS.*

Il y a deux individus, l'un mâle & l'autre femelle.

Les fleurs, tant de l'un que de l'autre, font difpofées en minets cilindriques, chaque fleurette ayant pour calice un petit chaton écailleux, frangé, couvrant un petit nectaire en forme de godet.

La fleur mâle renferme dans fon nectaire huit très-petits étamines.

La fleur femelle renferme dans fon nectaire un embrion, d'où provient une petite capfule à deux loges, dont les pannaux fe renverfent, & qui contient quantité de femences aigrettées.

Ebenier.

Frênes de plusieurs différentes especes.

Pelote de Neige. Rose de Gueldre. *Opurus. Sambucus aquatica , flore globoso , pleno.*

Orme.

Noyer.

Plan d'Asperges d'Hollande.

Sumac.

Genest de Portugal.

Genest de Luques.

Acacia-Rose. *Robinia. Pseudo-Acacia , floribus roseis.*

Différentes especes de Rosiers.

Rose-Renonculle, petit Poupon.

Rose de Provins double.

Rose à cent feuilles.

Arbre au vernis, du Japon. *Rhus-Vernix.*

Mûrier de la Chine.

On

On prie les Particuliers qui demande-
ront des arbres aux Chartreux , de
bien spécifier les especes & les hau-
teurs des arbres.

Tous les Arbres fruitiers de toutes
especes, en tige , font à 1 liv. 10 fols.

Tous les Arbres fruitiers de toutes
especes, en demi-tige , font à 1 liv. 5 f.

Les Arbres nains, ou de basse-tige ,
de toutes especes, à 15 fols ; hors les
Pommiers entés fur Paradis, qui font
à 10 fols.

Tiges, ou au vent, c'est la même
chofe, de toutes especes , 1 liv. 10 f.

Demi-tige de toutes especes , 1. liv.
5 fols.

Basse-tige, ou nain, de toutes especes, 15 fols.

Les Pommiers fur Paradis, 10 fols.

On prie aussi de bien donner les
adresses pour les mettre dessus les pa-
quets d'arbres, afin qu'ils arrivent bien
à leurs destinations ; il s'en perd quelquefois par des adresses mal données.

Il feroit encore mieux que les particuliers chargeaffent quelqu'un à Paris de faire expédier leurs arbres, leur

H

faire paſſer, & les payer comptant; il n'en coûteroit pas plus aux Particuliers, & bien moins d'embarras pour nous, ſans compter les pertes qui nous arrivent par des mauvais payeurs, qui ſe moquent de nous quand ils ont la marchandiſe. Pour obvier à cela, on exigera le paiement comptant, de tous ceux qui ne ſeront pas connus, & c'eſt une impoliteſſe qu'on eſt obligé de faire pour s'aſſurer des deniers; il n'y aura que les mal-intentionnés qui s'en trouveront ſcandaliſés.

Lu & approuvé, ce 24 Novembre 1775, CRÉBILLON.

Vu l'Approbation, permis d'imprimer, ce 25 Novembre 1775, ALBERT.

Regiſtré la préſente Permiſſion ſur le Regiſtre des Permiſſions de Police de la Communauté des Libraires & Imprimeurs de Paris, N°. 5033, conformément aux anciens Réglemens, confirmés par celui du 28 Février 1723. A Paris, ce 28 Novembre 1775, HUMBLOT, Adjoint.

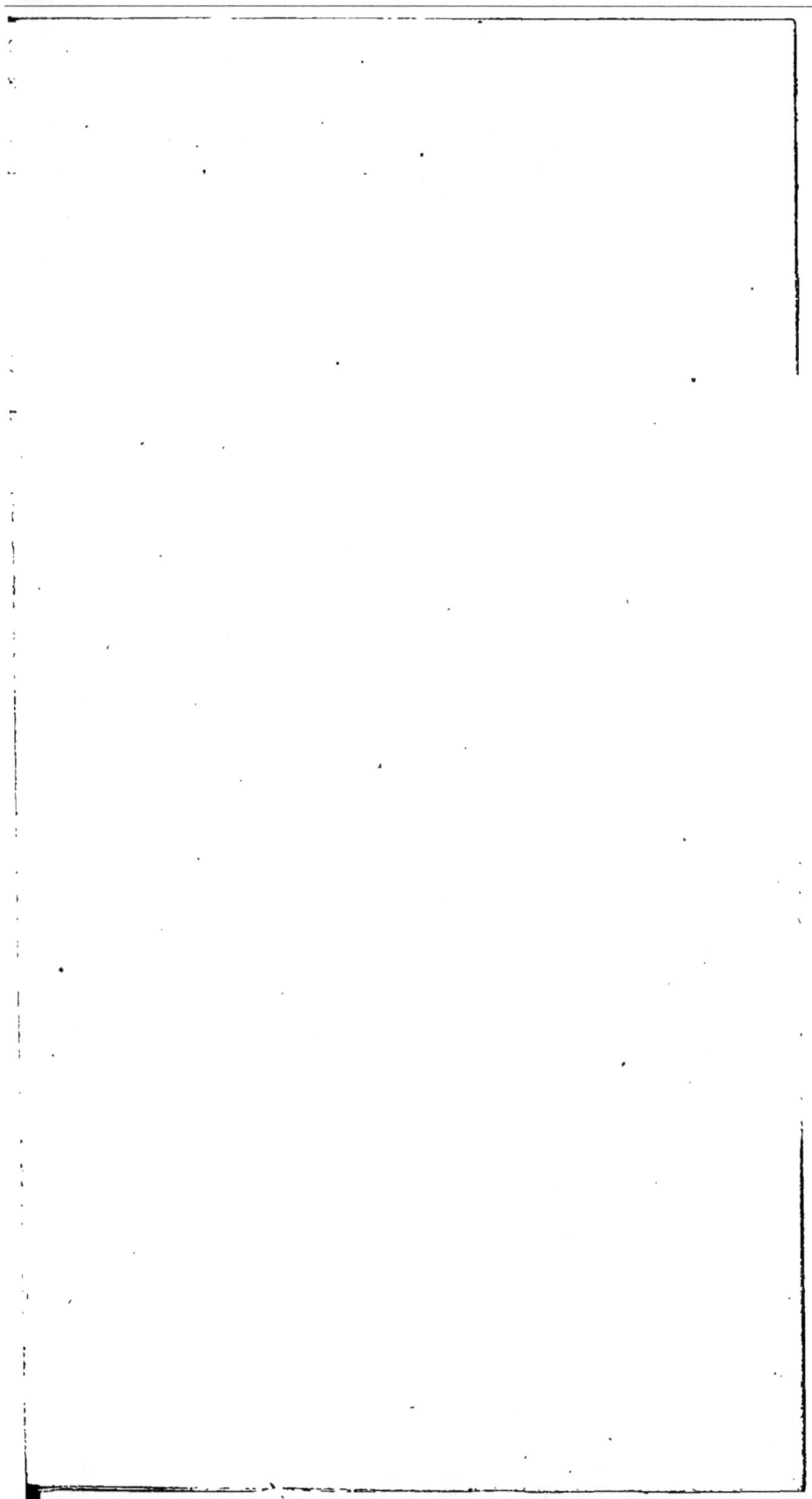

www.ingramcontent.com/pod-product-compliance
Lightning Source LLC
Chambersburg PA
CBHW050627210326
41521CB00008B/1408